Doğum Sonrası Anne Ve Bebek Bakımı Asistan Hizmeti

Satın Alma Eğilimi Yapısal Eşitlik Modelinin Amos Programı İle İncelenmesi

Merve Akgüngör Muharremoğlu
Ercan Veysel Kamcı (Ed.)

London·Istanbul·Moscow·Delhi·Jakarta

Doğum Sonrası Anne Ve Bebek Bakımı Asistan Hizmeti: *Satın Alma Eğilimi Yapısal Eşitlik*
Modelinin Amos Programı Ile Incelenmesi

by Merve Akgüngör Muharremoğlu

Published by Glimmer Publishing Ltd. Ground Floor 2 Woodberry Grove London N120DR England

Glimmer books may be purchased for educational, business, or sales promotional use. Online editions are also available for most titles (*http://glimmerpublishing.com*). For more information, contact our corporate sales department: *sales@glimmerpublishing.com*.

Editor: Ercan Veys el Kamcı

Janury 2018: First Edition

See *http://glimmerpublishing.com/tr/catalog/matematik-ve-bilgisayar-bilimleri/istatistik/dogum-sonrasi-anne-ve-bebek-bakimi-asistan-hizmeti.html* for release details

The Glimmer logo is a registered trademark of Glimmer Publishing Ltd.
The cover image by Eda Akyılmaz Photography
Cover by Gimmer Publishing Ltd.

ISBN: 978-1-78902-016-8

Teşekkür...

Araştırma projeme ilham veren fikir anneleri sevgili yengem Eda AKYILMAZ ve can dostu Meral KIZILTEPE'ye, öğrettikleriyle kariyerime yön veren, araştırma dünyasına karşı bakış açımı değiştiren, bu kitaba konu olan istatistik modelini kurarken bana mentorluk yapan ve her daim desteğini esirgemeyen değerli yöneticim Veysel KAMCI'ya, beni oya gibi sabırla işleyip yetiştiren ve benimle her zaman gurur duyan sevgili anneme, babama ve abime, hayatıma anlam katan, kahramanım ve değerli hayat arkadaşım, kelimenin tam anlamıyla "eşim" sevgili Emir MUHARREMOĞLU'na sonsuz teşekkürler...

İÇİNDEKİLER

ŞEKİL LİSTESİ

TABLO LİSTESİ

1.GİRİŞ

Doğumun sağlıklı koşullarda gerçekleştirilmesinin ve doğum sonu bakım hizmetlerinin düzenli olarak verilmesinin anne ve perinatal (fetüs) bebek ölümlerini azalttığı bilinmektedir. Sağlıklı koşullarda doğum ve doğum sonu anne ve yenidoğan bakımı, komplikasyonların azaltılmasında ve komplikasyon gelişmesi durumunda anne ve bebeklerde ölüm riskinin azaltılmasında en temel müdahaledir. Dünya Sağlık Örgütü (WHO) tarafından geliştirilen; anne ve çocuk sağlığında müdahale ve eylemleri yönlendiren ve rehberlik yapan 'Güvenli Annelik Paketi'nde bu şekilde belirtilmektedir.

Ülkemizde bebek ölümlerinin beşte birinin neonatal (yenidoğan) dönemde olduğu ve anne ölümlerinin büyük bir kısmının doğum sırasındaki kanama ve postpartum enfeksiyonlar nedeniyle olduğu göz önüne alınırsa doğum ve doğum sonrası bakım hizmetlerinin önemi daha iyi anlaşılacaktır (Balkaya, 2002).

Yapısal eşitlik modellemesi kavramı, iki önemli özelliğe dikkat çekmektedir: çalışılan süreç bir seri yapısal eşitlik (örneğin regresyon eşitlikleri) içermektedir ve oluşturulan bu yapısal eşitlikler, hipotezlerin daha kolay anlaşılabilmesi için görsel olarak çizimle gösterilebilmektedir. Bu iki temel özelliği gösteren bir YEM analizi, oluşturulan modelin görünen ve/veya görünmeyen tüm değişkenlerin birlikte test edilmesi ile elde edilen sonucun, eldeki verilerle ne derece uyumlu olduğunu ortaya koyar. Modelin test edilmesi ile elde edilen uyum indeksleri model ile veri arasında uyum olduğunu gösteriyorsa, yapısal olarak oluşturulan hipotezler kabul edilmekte, uyum indeksleri böyle bir uyumun var olmadığını ortaya koyuyorsa hipotezler reddedilmektedir.

YEM, sahip olduğu bazı özellikler bakımından klasik çok değişkenli istatistiksel yöntemlerden farklılaşmaktadır (Byrne, 2010). İlk olarak YEM, diğer istatistiksel yöntemlerden farklı olarak, keşfedici bir yaklaşım yerine, doğrulayıcı bir yaklaşımı benimsemektedir. Dolayısıyla YEM'in dışındaki birçok istatistiksel yöntem veri seti üzerindeki ilişkileri keşfetmeye çalışırken; YEM, kuramsal olarak varlığı kurulmuş olan ilişkilerin veri ile uyumunu doğrulamaktadır. Bu haliyle YEM'in, hipotez testleri için diğer yöntemlerden daha başarılı olduğu söylenebilir. İkinci olarak geleneksel çok değişkenli yöntemler ölçüm hatalarını ayrı ayrı ele alırken, YEM tüm çözümlemelerde ölçüm hatalarını açıkça hesaba katmaktadır. Üçüncü olarak, geleneksel yöntemler analizlerde sadece gözlemlenebilen değişkenler üzerinden işlem yapabilirken; YEM, aynı model içerisinde hem gözlenebilen hem de gözlenemeyen değişkenler üzerinden test yapabilmektedir. Son olarak, günümüzde, hem gözlenen hem gözlenemeyen değişkenlerin aynı anda test edilebildiği, doğrudan ve dolaylı çoklu ilişkilerin ya da ardışık dolaylı ilişkilerin ölçülebildiği YEM'den daha iyi veya daha çok kabul gören bir metot bulunmamaktadır. Tüm bu özellikler ise YEM'i, günümüze oldukça popüler bir yöntem haline getirmiştir.

Günümüzde araştırmacıların kullanabileceği LISREL, SAS, EQS ve AMOS gibi birçok yazılım bulunmaktadır. Ancak bu projenin konusunu teşkil eden AMOS yazılımı, kullanıcı dostu yapısıyla ve güçlü çözüm alternatifleriyle, diğer programlardan farklılaşmaktadır.

Bu çalışmanın amacı, 25-40 yaş arası evli, son 5 yıl içinde doğum yapmış ya da çocuk sahibi olmayı düşünen kadınların anketimize verdikleri cevaplar doğrultusunda bir satın alma eğilimi oluşturmak ve bu eğilimi etkileyen faktörleri belirleyip satışı arttırmak ve pazarlama stratejisi belirlemek için sektöre yol göstermektir. Verilerin girişini yapıp kodlamak için SPSS programı, analizi yapmak içinse AMOS programı kullanılmıştır ve analiz yöntemi olarak YEM uygulanmıştır.

2.ANNE ASİSTANLIĞI

Son yıllarda gelişmekte olan asistan hizmetlerine dahil olan 'Doğum Sonrası Anne ve Bebek Bakımında Rehberlik' hizmeti oldukça ilgi görmektedir. Bireylerin bilinçlenmesine ve refah düzeylerinin artmasına bağlı olarak gelişen sektör günümüzde popülerliğini arttırmış durumdadır.

Postpartum altı haftalık dönem, anneler için önemli biyo-psiko-sosyal değişimlerin yaşandığı bir dönemdir. Gebelikte ve doğum eyleminde enerji ihtiyacının ve fiziksel yorgunluğun artması, doğumda yumuşak doku travması ve artan kan kaybı, doğum sonrası dönemde kadının komplikasyonlar yönünden risk altında olmasına ve sağlık sorunlarının artmasına neden olmaktadır (Bobak ve Jensen, 1993; Gorrie, McKinney, Murray, 1998). Anneler postpartum dönemdeki değişimlere uyum sağlama, kendi bakımlarını ve yenidoğanın gereksinimlerini karşılama çabası içindedirler. Tüm bunlar annelerde stres faktörü olarak etki ederler. Stresli durumların arttığı bu dönemde annelere yeterli desteğin sağlanmaması, onların fiziksel ve ruhsal sağlıklarını olumsuz yönde etkiler (Reeder, Martin ve Koniak-Griffin, 1997).

Anneler postpartum dönemde yaşadıkları sorunlarla başa çıkmada zorlanmaktadırlar (Brown ve Johnson, 1998). Ancak doğumun fiziksel etkileri üçüncü haftadan itibaren belirgin ölçüde azaldığından, kendi bakımlarında ve yenidoğan gereksinimlerinin karşılanmasında daha fazla sorumluluk üstlenebilirler (Bobak ve Jensen, 1993; Reeder, Martin ve Koniak-Griffin, 1997).

Postpartum 6 haftalık sürede anne ve bebeklere nitelikli bir izlem ve bakımın sağlanması için annelerin yaşadıkları sorunların sağlık personeli tarafından sürekli olarak değerlendirilmesi gerekir. Ebe ve hemşireler anneleri taburculuktan sonra kendi ortamlarında değerlendirebilirler. Annelerin bulundukları ortamda sorunlarını ve endişelerini daha rahat dile getirebilmesi, ilk günlerde yaşanacak sağlık sorunlarının erken dönemde önlenmesine olanak sağlar (Gorrie,McKinnay, Murray 1998; Reeder, Martin ve Koniak-Griffin 1997; Shewen,Scoloveno, Weingarten 1995).

Hemşireler ilk ev ziyaretini taburculuk sonrası 24-48 saat içinde yapmalıdır. Sonraki ziyaretler postpartum iki ve altı hafta sonra yapılmalıdır (Lieu, Braveman, Escobar ve ark. 2000; Neyzi 1994; Sağlık Bakanlığı1997). Doğum sonrası annelerin istenen sıklıkta ziyaret edilmemesi, annelerin bu dönemde yaşayacakları sorunların artmasına ve tekrar hastaneye yatmalarına neden olmaktadır (Brown ve Johnson 1998; Darj ve Stalnacke 2000; Lieu,Braveman,Escobar ve ark. 2000; Malnory 1997).

Özetle, postpartum dönemdeki sağlık bakımı annelerin fizyolojik, psikolojik ve sosyal gereksinimlerinin karşılanmasını kapsar. Annelerin ilk günlerden itibaren fiziksel yönden kendilerini rahat hissetmeleri, kendi ve bebek bakımınlarına aktif olarak katılmaları ve bakımlarını sürdürmede başarılı olmaları, fiziksel ve ruhsal sağlıkları üzerinde olumlu etki yaratır. Bu nedenle ebe ve hemşireler annelerin postpartum dönemdeki bakım gereksinimlerini değerlendirmeli, bu konuda gerekli bakım ve desteği sağlayarak annelik rolüne uyumlarını kolaylaştırmalı ve postpartum dönemdeki sorunlarının azalmasına yardımcı olmalıdır (Bobak ve Jensen 1993; Gorrie, McKinney, Murray 1998; Lugina, Christensson, Massawe ve ark. 2001;Reeder, Martin ve Koniak-Griffin 1997).

Sonuç olarak, ülkemizde de annelerin postpartum dönemdeki bakım gereksinimlerinin öncelikli olarak ele alınması, anne-bebek sağlığının geliştirilmesine sağlayacağı yararlar açısından, oldukça önemli olacaktır (Balkaya, 2002). Annelerin bu dönemi bilinçli, sağlıklı ve mutlu bir şekilde geçirmesini amaçlayan 'Doğum Sonrası Anne ve Bebek Bakımı' hizmeti bugün birçok hastane ve özel kuruluşlarda hizmete sunulmaktadır.

3.YAPISAL EŞİTLİK MODELLEMESİ

YEM modelleri, gözlemlenen ve gizli (gözlemlenemeyen) değişkenleri aynı anda içerisinde barındıran yapısıyla, doğrulayıcı faktör analizi ve yol analizinin birleşmiş halidir. YEM'in öncül biçimleri Karl Jöreskog (1973), Ward Keesling (1973) ve David Wiley (1973)'in çalışmalarının ürünüdür ve bu nedenle ilk olarak JKW modeli olarak adlandırılmıştır.

YEM (Structural Equation Modeling-SEM), açık (gözlenen, ölçülen) ve gizli (gözlenemeyen, ölçülemeyen) değişkenler arasındaki nedensel ve korelasyon ilişkilerin bir arada bulunduğu modellerin test edilmesi için kullanılan kapsamlı bir istatistik yaklaşımdır (Hoyle, 1995).

Birçok disiplinde uygulama alanı bulan YEM'in bugün gelinen noktada oldukça popüler olmasının birçok nedeni bulunmaktadır. Bunun nedenlerinden biri YEM'in, deneysel yaklaşımlarla kolayca araştırılamayan temel problemlerin etkin biçimde incelenmesinde araştırmacılara olanak sağlamasıdır (Bentler, 1986). Ayrıca YEM, rastgele ve rastgele olmayan ölçüm hatalarını açıklama, tam-bilgi kestirimlerinin kullanımı yoluyla ilişkili bağımlı değişkenler ile modelleri kolayca birleştirme ve oldukça karmaşık modelleri karşılaştırabilme yeteneğine sahiptir (Williams vd. 1995). Tüm bu özellikler YEM'i tercih edilir kılmaktadır.

İstatistiksel yöntemlerin çoğunda analizler bireysel gözlemler üzerinden gerçekleştirilmekte ve buna ilişkin modeller kurulmaktadır. Örneğin çoklu regresyon veya Varyans Analizi (ANOVA) gibi yöntemlerde regresyon katsayıları veya hata varyansı kestirimleri, her bir gözlemin, gözlenen ve kestirilen değerleri arasındaki farkın kareler toplamını en küçüklemek yoluyla hesaplanır. Ancak yol analizinde ve doğrulayıcı faktör analizinde gözlemlerden ziyade kovaryanslar dikkate alınır.

3.1. YAPISAL EŞİTLİK MODELLEMESİNDE TEMEL KAVRAMLAR

3.1.1.Gözlemlenmeyen Değişkenler

Sosyal bilimlerde araştırmacılar çoğu zaman, doğrudan gözlemlenemeyen yapılarla ilgilenirler ve gözlemlenemeyen ancak asıl olarak araştırılan bu yapılara işe gizil (gözlemlenemeyen) değişken adı verilir (Byrne, 2010). Gizil değişkenlere neredeyse tüm sosyal bilimlerden örnek verilebilir: Psikolojideki umutsuzluk kavramı, motivasyon; sosyolojideki istisna, eğitim bilimlerindeki sözlü ifade yeteneği, öğretmen beklentisi, ekonomideki kapitalizm, sosyal sınıf ya da örgütsel davranıştaki izlenim yönetimi, vatandaşlık davranışı.

Gizil değişkenler, doğrudan gözlemlenemediğinden, doğrudan da ölçülemez. Bu nedenle, araştırmacının incelemek istediği gizil değişkeni temsil ettiğini düşündüğü ölçülebilir davranış ya da eylemleri kavramlaştırması ve tanımlaması gerekir. Yani düşünceleri somutlaştırmak için likert ölçeğine uygun şekilde cümleler yazmak ve cümleleri gizil değişkenlere göre de kategorileştirmek gerekir.

3.1.2.Kullanılan Semboller

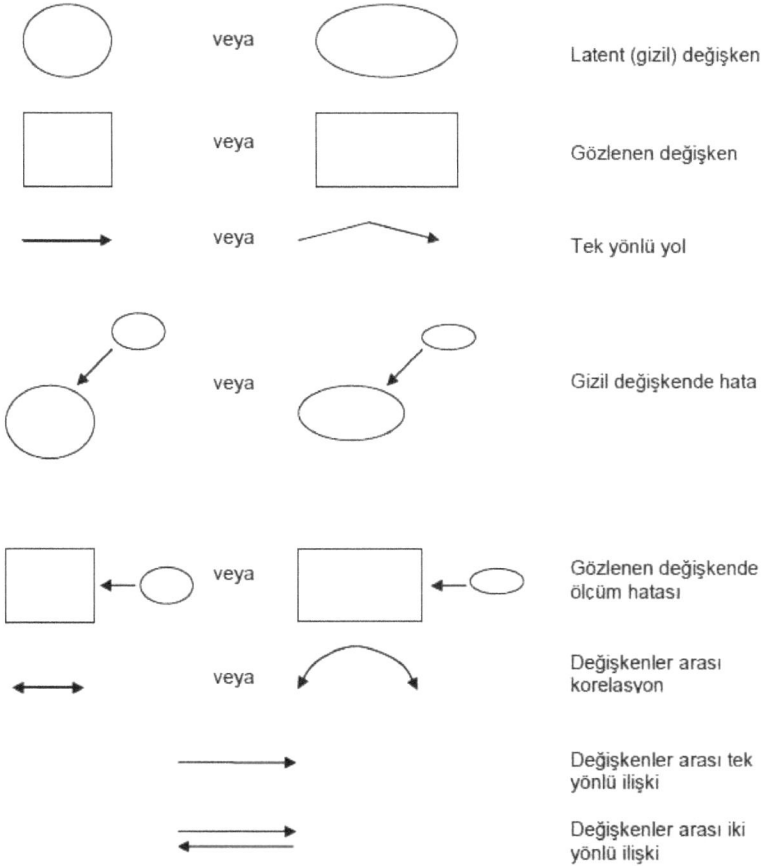

○	veya ◯	Latent (gizil) değişken
▢	veya ▭	Gözlenen değişken
→	veya ↗→	Tek yönlü yol
	veya	Gizil değişkende hata
▢←○	veya ▭←○	Gözlenen değişkende ölçüm hatası
↔	veya ⌒	Değişkenler arası korelasyon
→		Değişkenler arası tek yönlü ilişki
⇄		Değişkenler arası iki yönlü ilişki

3.1.3.Yapısal Model Tipleri

Yapısal modeller dört grup altında toplanabilir: yol analizi modelleri, doğrulayıcı faktör analizi modelleri, yapısal regresyon modelleri ve gizil değişken değişim modelleri (Raykov ve Marcoulides, 2006).

3.1.3.1.Yol Analizi Modelleri

Yol analizi modelleri sadece gözlemlenen değişkenler kullanılarak tasarlanan modellerdir. Yol çözümlemesi, araştırmacı tarafından karşılaştırılan iki ya da daha fazla nedensel modelin korelasyon matrisinin uygunluğunu test etmek için kullanılan, regresyon modellerinin bir uzanımı olarak tanımlanabilir (Tezcan, 2008). Yöntem çok sayıda gözlemlenmiş değişken içeren modelleri kullanmasına rağmen, istenen sayıda bağımlı-bağımsız değişken ve eşitlik içerebilir. Böylece yol analizinin gözlenen değişkenleri kullanarak çok sayıda regresyon çözümlemesini gerektirdiği sonucuna varılır.

Wright, değişkenlerin dolaylı ya da doğrudan etkilerini açıklayan yol analizinin gelişiminde rol almıştır. Yol analizinin sadece nedenselliklerini ortaya çıkaran bir yöntem değil, aynı zamanda 'nedensellik modelleme' adıyla da anılan değişkenler arası kuramsal ilişkileri ortaya çıkarma aracı olarak da anılmaktadır (Tezcan, 2008).

Tanımlanmış bir yol analizi iki değişken arasındaki nedensel ilişkileri;

1. Değişkenler geçici olarak sıralandığında,
2. Değişkenler arasındaki kovaryans ve korelasyonlar elde edildiğinde,
3. Diğer nedenseller kontrol edilmiş olduğunda,

ortaya çıkmaktadır (Schumacker and Lomax, 2004).

3.1.3.2.Doğrulayıcı Faktör Analizi Modelleri

Doğrulayıcı faktör analizi (DFA) modelleri genellikle gözlemlenen bazı değişkenlerin bir gizil değişkeni oluşturup oluşturmadığının ya da bir çok gizil değişken arasında tanımlanan ilişkilerin var olup olmadığının testi için kullanılır. Modeldeki her bir gizil değişken, bir grup gözlemlenen değişken tarafından ölçülmektedir. Dolayısıyla doğrulayıcı faktör analizi modellerinde, bir değişkenin diğerini etkilemesi değil, değişkenler arasındaki ilişki önemlidir. Gözlenen değişkenler üzerinden yapılan çözümlemelerde istatistiksel yöntemler ölçüm hatalarını görmezden gelmekte, tüm ölçümlerin kusursuz yapıldığını varsaymaktadır.

Ölçüm hatalarının etkisi araştırılmış ve yanlı parametre tahminleri gibi önemli sorunlara sebep olduğu anlaşılmıştır (Cochran, 1968; Fuller, 1987).

Doğrulayıcı faktör model yaklaşımının amacı ise hipoteze sunulan faktör modelinin anlamlılığını istatistiksel olarak test etmek ve örneklem verisinin modeli doğrulayıp doğrulamadığını kontrol etmektir.

DFA'da araştırmacı birbiriyle ilişkili, her faktörün ölçütü olan bir gözlenen değişkenin yer aldığı belli sayıda faktör tanımlar ve araştırmacı önceden tanımlanmış kuramsal bir modele sahiptir.

YEM ve DFA temelde aynı mantığa ve hesaplama tekniğine dayanmasına karşın kullanımda farklı kavramlar olarak yer almaktadırlar (Tezcan, 2008). YEM'le genellikle bir modelin ve o modelde alternatif diğer modellerin test edilmesi amaçlanmaktadır ve genellikle birden fazla modelin karşılaştırılması yoluyla veriyi en iyi tanımlayan modelin belirlenmesi amaçlanır. Bu açıdan bakılacak olursa YEM, geleneksel regresyon modellerinin bir uzantısıdır. DFA ise sosyal bilimlerde daha çok ölçek geliştirme ya da geçerlik çözümlemelerinde kullanılmakta ve önceden belirlenmiş ya da kurgulanmış bir yapının doğrulanması ya da teyit edilmesi amacını taşımaktadır ve geleneksel kökeni faktör çözümlemesine dayanır.

3.1.3.3.Yapısal Regresyon Modelleri

Yapısal regresyon modelleri aslında doğrulayıcı faktör analizi modellerine benzese de buradaki temel fark, gizil değişkenlerin kendi aralarında çift yönlü ilişki yerine, yol analizi etkilerine (gizil regresyon etkilerine) sahip olmalarıdır. Bu tür modeller, aralarındaki etkileşim bilinmeyen gizil değişkenlerin ilişkilerinin keşfedilmesi amacıyla kullanılmaktadır.

Regresyon çözümlemesi, bir değişkenin bir veya daha fazla değişken yardımıyla tahmin edilmesinde kullanılır. Regresyon çözümlemesi için kullanılan model regresyon modelleri olarak tanımlanmıştır. Regresyon modelleri bağımsız değişkenlerin tahmin edilecek bağımlı değişkeni açıklama miktarını içerir.

3.1.3.4.Gizil Değişken Değişim Modelleri

Gizil değişken değişim modelleri, bazen gizil değişken büyüme eğrisi modeli veya gizil değişken eğri analizi modeli olarak da adlandırılmaktadır (Bollen ve Curran, 2006; Meredith ve Tisak, 1990). Bu modeller bir gizil değişkende zaman içerisinde oluşan değişimi ortaya koyan modellerdir. Bu modellerin odaklandığı veri, gizil değişkenin zaman içerisinde değiştiği bir veri setidir (örneğin enflasyon rakamları, büyüme oranları vb.) ve araştırmacıya ya bir faktördeki zamansal değişimi ya da bir faktörün zaman içerisinde takip ettiği zaman serisi içerisindeki benzerlikleri araştırma olanağı sunar. Ancak, tahmin edileceği gibi bu tür bir modelin kurulabilmesi için uzun süreli, zamansal veri toplanması gerekir.

3.2.YAPISAL BİR MODELİN OLUŞTURULMASI

Yapısal eşitlik modelleri, değişkenler arasındaki nedensellik ilişkilerinin geçerliliğini test etmektedir. Bir modelin oluşturulması süreci, değişkenler arasındaki nedensellik ilişkilerini tanımlayan bir modelin ortaya konulmasını ifade eder. Değişkenler arasındaki ilişkilerin oluşturulması sürecinde korelasyon analizi ve açıklayıcı faktör analizi sonuçları önemli bilgiler vermektedir. Jöreskog (1993) yapısal eşitlik analizinde değişkenler arasındaki ilişkilerin özelleştirilmesi sürecini sistematikleştirmek amacıyla, modelin oluşturulması aşamasında araştırmacılar tarafından benimsenebilecek üç farklı strateji önermektedir:

3.2.1.Doğrulayıcı Modelleme Stratejisi

Bu modelleme çalışmalarının temel amacı, çok net olarak belirlenmiş bir modelin veri tarafından doğrulanıp doğrulanmadığının test edilmesidir. Ancak veri tarafından doğrulamak modelin tamamıyla doğrulandığı anlamına gelmez. Bu stratejiyi uygulayan araştırmacı, değişkenler arasındaki ilişkilerin varlığını kurulan tek bir modelle test etmekte ve sonuçta modeli kabul veya reddetmektedir.

3.2.2.Alternatif Modeller Stratejisi

Bu tür çalışmalarda temel amaç, bir dizi değişken ele alındığında, söz konusu değişkenler arasındaki ilişkileri açıklamada alternatif modeller arasında en çok hangisinin veri tarafından desteklendiğini belirlemektir. Araştırmacı, değişkenler arasındaki olası ilişkileri ve bu ilişkilerin yönünü, özelleştirmiş olduğu birden fazla model yardımıyla göstermektedir. Daha sonra bu modelleri sırasıyla test etmekte ve özelleştirmiş olduğu birden fazla model içinden model uyumu en iyi olan modeli seçerek, araştırmanın sonuçlarına dair yorumları bu model üzerinen yapmaktadır.

3.2.3.Model Geliştirme Stratejisi

Bu stratejinin temeli, bir dizi değişken arasındaki ilişkileri en iyi açıkladığı varsayılan bir modelin test edilmesi ve analiz sonuçlarına dayanarak modelin geliştirilmesi yönünde iyileştirmeler yapılmasıdır. Bu stratejiyi benimseyen bir araştırmacı, değişkenler arasındaki ilişkileri özelleştirme sürecinde, modele ilişkin model uyumunu artırıcı göstergelerden yararlanarak, model uyumunu en üst düzeye çıkaracak biçimde modeli özelleştirmektedir. Sonrasında model uyumunun en iyi düzeye geldiği noktada, elde edilen temel model üzerinde araştırmanın sonuçlarına ilişkin yorumlar yapılmaktadır.

Bir yapısal eşitlik modelinin oluşturulmasında ilk ve en önemli adım teoridir. Modelin temelini teori oluşturur. Bu anlamda teori, modelin çıkış noktasıdır ve dolayısıyla bir modelin kurulabilmesi için ilgili konudaki teorinin ayrıntılı olarak incelenmesi gerekir.

3.3.MODELİN BELİRLENMESİ

Yapısal eşitlik modellemesinin ilk adımı, teoriden hareketle modelin tanımlanmasıdır. Modelleme süreci YEM'in temeli olan, değişkenler arası karmaşık ilişkilerin tanımlanması adımının çıkış noktası olarak kabul edilmektedir.

Model tanımlama sürecinde modeldeki tüm ilişkiler doğrusal varsayılmıştır. YEM'de model kurma süreci modeldeki değişkenlere ait tüm parametrelerin tanımlanması anlamına gelmektedir. Parametrelerin tanımlanması ise modelde yer alacak tüm değişken ve ilişkilerin (korelasyonel ve regresif) belirlenmesidir.

Belirlenen bu ilişkiler AMOS programında kolaylıkla boş sayfa üzerine çizilerek, modelin çizimi gerçekleştirilebilir.

3.4. MODELİN TESTİ

YEM'de modelin tanımlanıp çizilmesinen sonraki adım, eldeki veriler üzerinden parametrelerin hesaplanmasıdır. Parametreler hesaplanırken, modelle veri arasında bir hata (artık) oluşur. Bu nedenle YEM'lerde;

Veri=Model+Hata eşitliği kullanılır.

Uygulamamızda doğrulayıcı faktör analizi kullanıldığı için sadece bu analizin testini açıklayacağız.

3.4.1. Doğrulayıcı Faktör Analizi'nin Testi

Faktör analizi, birbiriyle ilişkili ölçülebilen veya gözlenebilen değişkenler bir araya getirilerek, az sayıda ilişkisiz ve kavramsal olarak anlamlı yeni değişkenler (faktörler, boyutlar) bulmayı, keşfetmeyi ya da bulunmuş olan modelleri test etmeyi amaçlayan çok değişkenli bir istatistiktir (Büyüköztürk, 2004).

Doğrulayıcı faktör analizinde, temel olarak dört farklı modelin test edilebileceği söylenebilir (Byrne, 1998; Sümer, 2000). Bu modeller tek faktörlü model, çok faktörlü model, ikinci düzey çok faktörlü model ve ilişkisiz model olarak adlandırılabilir.

3.4.1.1. Tek Faktörlü Model

Gözlenebilen tüm değişkenlerin tek bir faktör altında toplandığı model olarak tanımlanabilir. Modelin esası, gözlenebilen tüm değişkenlerin, geniş ve daha kapsayıcı bir üst değişken altında toplanmasıdır.

3.4.1.2. Birinci Düzey Çok Faktörlü Model

Gözlenen değişkenler birden fazla, birbirleriyle bağlantısız faktör altında toplanır. Modelin esası, gözlenebilen değişkenlerin, birden fazla bağımsız boyut altında toplanmasıdır.

3.4.1.3. İkinci Düzey Çok Faktörlü Model

Gözlenen değişkenlerin birden fazla, birbiriyle bağlantısız faktör altında toplandığı, daha sonra ise bu faktörlerin daha geniş ve kapsayıcı bir faktör altında birleştiği modeldir. Modelin esası, gözlenebilen değişkenlerin, birden fazla bağımsız boyut altında toplanması; daha sonra ise bu faktörlerin daha kapsayıcı bir model altında bir araya gelmesidir.

3.4.1.4.İlişkisiz Model

Gözlenen değişkenlerin birden fazla, birbirleriyle hiçbir bağlantısı olmayan ilişkisiz faktörler altında toplandığı model olarak tanımlanabilir.

Dolayısıyla doğrulayıcı faktör analizinde yapılan, farklı modellerin test edilerek, en uygun modelin hangisi olduğunun görülmesidir. Özellikle çok faktörlü olarak kullanılan ölçeklerde, uyum iyiliği ve indeks değerlerine bakılarak en uygun modelin hangisi olduğuna karar verilmesi gerekmektedir.

Araştırmamızda kullanılan yöntem ise ikincil düzey çok faktörlü modeldir.

3.5.UYUM İNDEKSLERİ

Yapısal eşitlik model testleri, sınanmaya çalışılan modelin, o model için toplanmış olan veriler için ne derecede uygun olduğuna dair değerlendirme ölçütleri, başka bir deyişle uyum indeksleri sunar (Hoyle, 1995; Pedhazur, 1997; Raykov ve Marcoulides, 2000). Bir modelin veri ile uyum ya da uyumsuzluğu test sonucu ortaya koyulan çeşitli uyum indeksleri değerlendirilerek yapılır.

Örneklem bazımız 250'den küçük olduğu için uyum indekslerinin büyük bir kısmı anlamsız kaldığından araştırmamızda Ki-Kare (χ^2) Uyum Testi ve Yaklaşık Hataların Ortalama Karekökü (RMSEA) olmak üzere iki adet uyum indeksini dikkate alacağız.

3.5.1.Ki-Kare (Chi-Square, χ^2) Uyum Testi

Ki-Kare testi sonucu veriyle model uyum arasındaki uyumun testidir. Bu bağlamda Ki-Kare testi, geliştirilen model ile gözlem değişkenlerine ait kovaryans yapısında ortaya çıkan modelin farklı olup olmadığı hipotezini test etmektedir. Hesaplanan ki-kare istatistik değerinin (χ^2/sebestlik derecesi) 3'ten küçük olması modelin uyumlu olduğunu gösterir.

3.5.2.Yaklaşık Hataların Ortalama Karekökü (Root Mean Square Error of Approximation, RMSEA)

0 ile 1 değerleri arasında değişir. Sıfıra yakın değerler vermesi (gözlenen ve üretilen matrisler arasında minimum hata olması) istenir. 0,05'e eşit veya küçük olması mükemmel uyum, 0,08'e kadar olan değerin de kabul edilebilir uyum olduğunu gösterir (Anderson ve Gerbing, 1984; Browne ve Cudeck, 1993; Sümer, 2000). İndeksin 0,10 ve üzerindeki değerleri ise zayıf uyuma işaret etmektedir (Browne ve Cudeck, 1993).

3.6.MODEL MODİFİKASYONU

Model modifikasyonunda kullanlılan Modifikasyon İndeksi (MI), gözlenen ve gizil değişkenler arasındaki kovaryansa bakarak araştırmacıya modele ilişkin modifikasyonlar önerir (Sümer, 2000). Bu modifikasyonlar hata terimleri temelinde oluşturulur ve modelde orijinal olarak öngörülemeyen, ancak ilgili düzenlemenin yapılmasıyla modelde kazanılacak ki-kare miktarını gösterir. Diğer bir değişle yüksek olan Ki-kare ve RMSEA değerlerini düşürmek için yapmamız gereken düzeltmeleri ve düzeltmelerin indekslere olan etkilerini gösterir.

4.AMOS PROGRAMINDA BİR UYGULAMA

Bu bölümde AMOS programının temel yapısı, kullanım özellikleri açıklanarak, yapısal eşitlik modelinin nasıl kurgulanacağı adım adım izah edilecektir. Uygulamada AMOS.18 versiyonu kullanılmıştır.

4.1.ARAŞTIRMANIN AMACI

Gizil değişkenlere sahip verilere ilişkin modeller ve elde edilen verilerin çözümlenmesinde kullanılan teknikler buraya kadar olan bölümlerde ana hatlarıyla incelenmiş ve etkin bir modelleme yaklaşımının çözümlemede nasıl elde edileceği teorik olarak anlatılmıştır. Bu bölümde YEM ile doğum sonrası anne ve bebek bakım asistan hizmetinin satın alma eğilimini etkileyen gizil yapıların tanımlanarak analiz edilmesine çalışılmıştır.

4.2.EVREN VE ÖRNEKLEM

Araştırma evreni İstanbul'da ikamet eden 25-40 yaş arası evli, en fazla 5 yıl içerisinde doğum yapmış veya çocuk sahibi olmayı düşünen kadınlardan oluşmaktadır.

Kartopu örneklemesi metoduyla seçilen ve İstanbul'da ikamet eden belirlenen kriterlerdeki 173 kadın örneklemimizi oluşturmaktadır.

4.3.VERİLERİN ELDE EDİLMESİ

Bu çalışmada sunulan hipotezlerin test edilebilmesi için gerekli olan verilerin toplanmasında online anket yöntemi kullanılmıştır. Anket formunda yer alan sorular araştırmamızda belirtilen hedeflere uygun bir şekilde belirlenmeye çalışılmış, soruların anlaşılabilir ve kısa olmasına özen gösterilmiştir. Araştırmamızda kullandığımız sorular asistan hizmeti veren hastanelerde çalışan yenidoğan hemşirelerinin görüşleri doğrultusunda hazırlanmıştır. Anket formu sosyal paylaşım sitelerinde sunulmuş ve cevaplar sanal ortamda saklanmıştır. Anket içerisinde modelde bulunan dört boyutla ilgili 30 ifade (madde) bulunmaktadır yalnız analizde sadece 26 tanesi kullanılmıştır. Diğer dört ifade grafiklerde mantık hatalarına neden olduğundan analizden çıkartılmıştır. Anket sorularının yanıtları için beş aralıklı Likert tipi metrik ifade kullanılmıştır. Örneğin, 'Eğer hamile kalırsam bu hizmeti satın alırım' ifadesinin yanıtı için '1-Kesinlikle Katılmıyorum', '2-Katılmıyorum', '3-Kararsızım', '4-Katılıyorum', '5-Kesinlikle Katılıyorum' şeklinde beş seçenek bulunmaktadır. Anket soruları Ek-1'de verilmiştir.

4.4.DEMOGRAFİK ÖZELLİKLER

Ankete katılan 173 kadının;

Yaş orlamalası 30 dur ve %3.5 i ilköğretim mezunu, %28.3 ü lise veya dengi mezunu, %68.2 si üniversite veya üzeri kademe mezunudur. Gelir seviyesi bakımından büyük bir çoğunluğu iyi bir gelir düzeyine sahipken, çok az bir kısmı düşük gelir seviyesine sahip olduklarını belirtmişlerdir. Kadınların %72.3ünün eşi haneye asıl gelir getiren kişi iken %27.7 si kadının kendisidir. Çalışma durumlarına bakıldığında %55.5 i sabit gelirli bir işte çalışırken %44.5 sabit gelirli bir işte çalışmıyordur. Kadınların %15.6 sı hamiledir, %46.9 u yakın zamanda çocuk sahibi olmayı düşünüyordur ve %65.9 u hiç doğum yapmamıştır. Daha önce doğum yapmış olan kadınların %24.3 ünün bir çocuğu, %7.5 inin iki çocuğu ve %2.3 ünün üç veya daha fazla sayıda çocuğu vardır. Araştırmamıza katılan kadınların annelerinin eğitim durumları ise; %37 si ilkokul, %12.7 si ortaokul, %28.3 ü lise veya dengi ve %22 si üniversite veya üzeri kademedir.

4.5.VERİLERİN DÜZENLENMESİ

SPSS paket programında verilerin girişi yapıldıktan sonra AMOS (Graphics) programında Şekil.1 ve Şekil.2'deki gibi tanıtılır.

Şekil 1

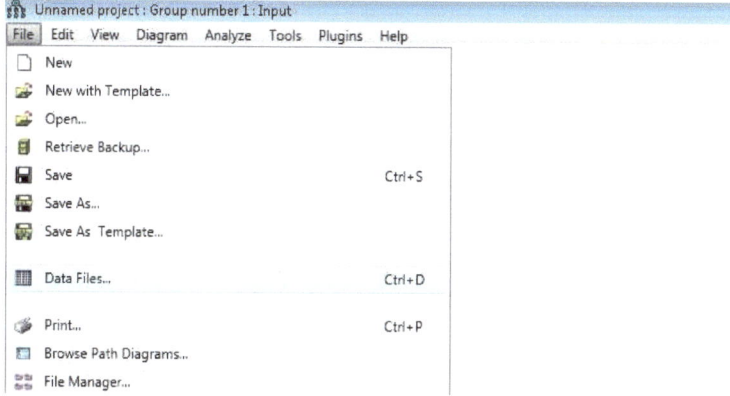

Data Files menüsünden açılan pencerede 'File Name' butonuna tıklanarak verilerin bulunduğu .sav dosyasına tıklanır.

Şekil 2

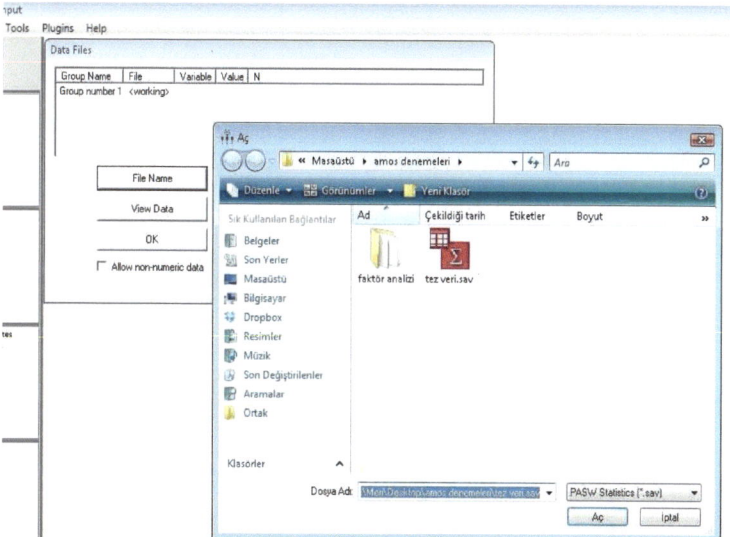

'OK' butonuna tıklanarak veri seti programa tanıtılmış olunur. Bu aşamadan sonra modelin kurulmasına geçilir.

4.6.PROGRAM ARABİRİMİNİN TANITILMASI

Şekil 3

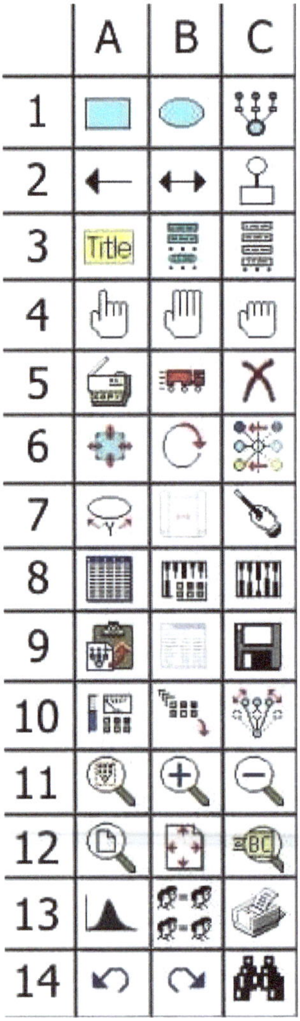

Tablo 1

Sütun	Satır	Düğme Adı	Açıklama
A	1	Dikdörtgen	Gözlenen (ölçülen) değişkenleri çizer
B	1	Oval	Gözlemlenemeyen (gizli) değişkenleri çizer
C	1	Gösterge	Gizil değişken yada bir gösterge değişken çizer
A	2	Yol	Regresyon yolu çizer
B	2	Kovaryans	Kovaryans (karşılıklı ilişki) yolu çizer
C	2	Hata	Gözlemlenen bir değişkene hata terimi ekler
A	3	Başlık	Grafik ile ilgili bilgi ekler
B	3	Değişken Listesi 1	Modeldeki değişkenleri listeler
C	3	Değişken Listesi 2	Veri setindeği değişkenleri listeler
A	4	Tekil Seçim	Aynı anda sadece tek bir objeyi seçer
B	4	Çoklu Seçim	Tek seferde birden fazla objeyi seçer
C	4	Çoklu Seçim İptal	Çoklu seçimi iptal eder
A	5	Çoğaltma	Seçilen obje/objelerin kopyasını oluşturur
B	5	Hareket	Seçilen obje/objeleri belirlenen yere hareket ettirir
C	5	Sil	Seçilen obje/objeleri siler
A	6	Şekil Değiştirme	Seçilen obje/objelerin şeklini değiştirir
B	6	Döndürme	Gösterge değişkenlerin yönünü değiştirir
C	6	Yansıtma	Gösterge değişkenlerin yönünü ters çevirir
A	7	Parametre Hareket	Seçilen parametreyi, seçilen yere taşır
B	7	Görüntü Kaydırma	Yol diyagramını ekranın farklı bir yerine taşır
C	7	Dokunma	Dokunulan değişkendeki yolları düzenler
A	8	Veri Dosyası	Veri dosyasını seçer ve okur
B	8	Analiz Özellikleri	İlave hesaplamaları seçmede kullanılır
C	8	Değerleri Hesaplama	İstenen hesaplamaları yapar
A	9	Yazı Altlığı	Yol diyagramını panoya (clipboard) kopyalar
B	9	Metin Çıktısı	Çıktı sayfasını metin halinde görüntüler
C	9	Diyagramı Kaydet	Geçerli diyagramı kaydeder
A	10	Nesne Özellikleri	Değişkenin özelliklerini tanımlar
B	10	Özellikleri Sürükleme	Seçilen nesnenin özelliklerini diğerine taşır
C	10	Simetriyi Koruma	Seçilen nesneler arasındaki mesafeyi simetrik olarak düzenler
A	11	Yakınlaştırma Seçme	Yol diyagramının seçilen bölümünü yakınlaştırır
B	11	Yakınlaştırma	Yol diyagramını küçük olarak görüntüler
C	11	Uzaklaştırma	Yol diyagramını büyük olarak görüntüler
A	12	Yakınlaştırma Sayfası	Tüm sayfayı ekranda gösterir
B	12	Sayfaya Uydur	Yol diyagramını ekrana sığacak şekilde görüntüler
C	12	Büyüteç	Diyagramın belirli yerini tarar
A	13	Bayes Analizi	Bayes istatistiği hesaplar
B	13	Çoklu Grup	Çoklu grup analizi yapar
C	13	Yazdırma	Seçilmiş yol diyagramını yazdırır
A	14	Geri Al	Son işlemi geri alır
B	14	Geri Al2	Son geri al işlemini geri alır
C	14	Spesifik Arama	Spesifik bir arama için ekran açar

4.7.DOĞRULAYICI FAKTÖR ANALİZİ

Veri seti tanıtıldıktan sonra analizi başlatabilmek için grafik (path) çizimi gerekir. Gözlemlenen ve gözlemlenemeyen değişkenlerin çizimleri Şekil.4 deki gibi 'draw a latent variable or add an indicator to a latent variable' butonundan yapılır. Butona bir kere tıklanıp ok değişkenlerin konumlandırılacağı yere götürülür ve gizil değişkene eklenecek gözlemlenen değişken sayısı kadar üst üste tıklanarak ilk grup elde edilir.

Şekil 4

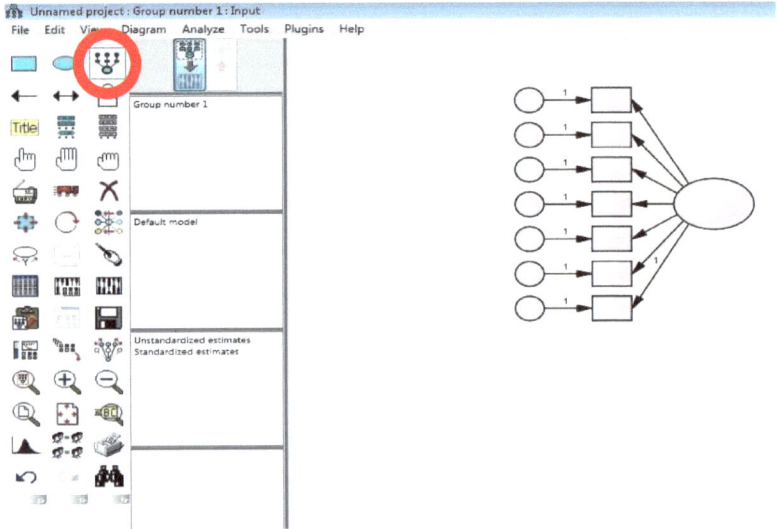

Elde edilen şekilde bir gizil değişkene yedi adet gözlenen değişken bağlanmış ve gözlenen değişkenlere de ait hata terimleri eklenmiştir. Bu değişkenlere çift tıklama yapılarak her birine ayrı ayrı isim verilir (Bkz: Şekil.5)

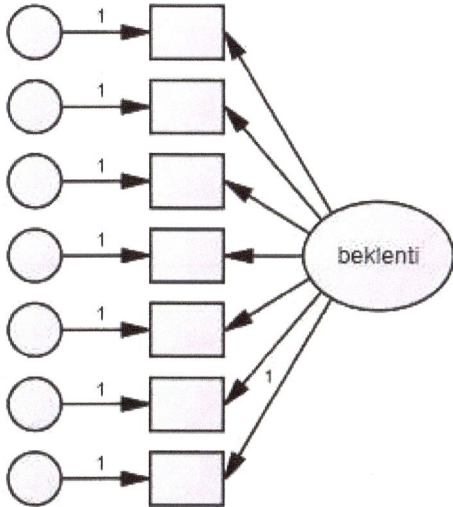

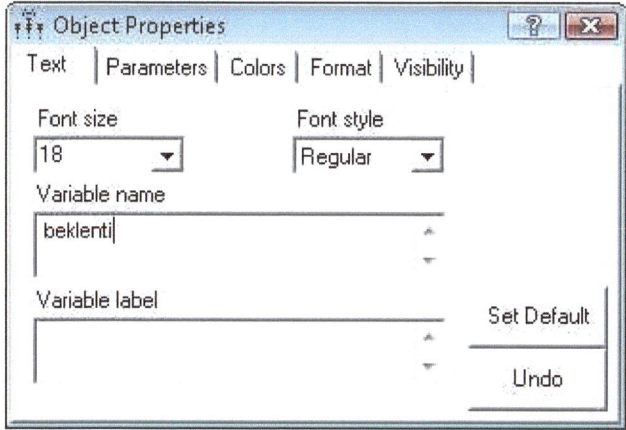

Bu şekilde diğer değişkenler de kendi aralarında ait olduğu düşünülen gizil değişkenlere bağlanır.

Şekil 6

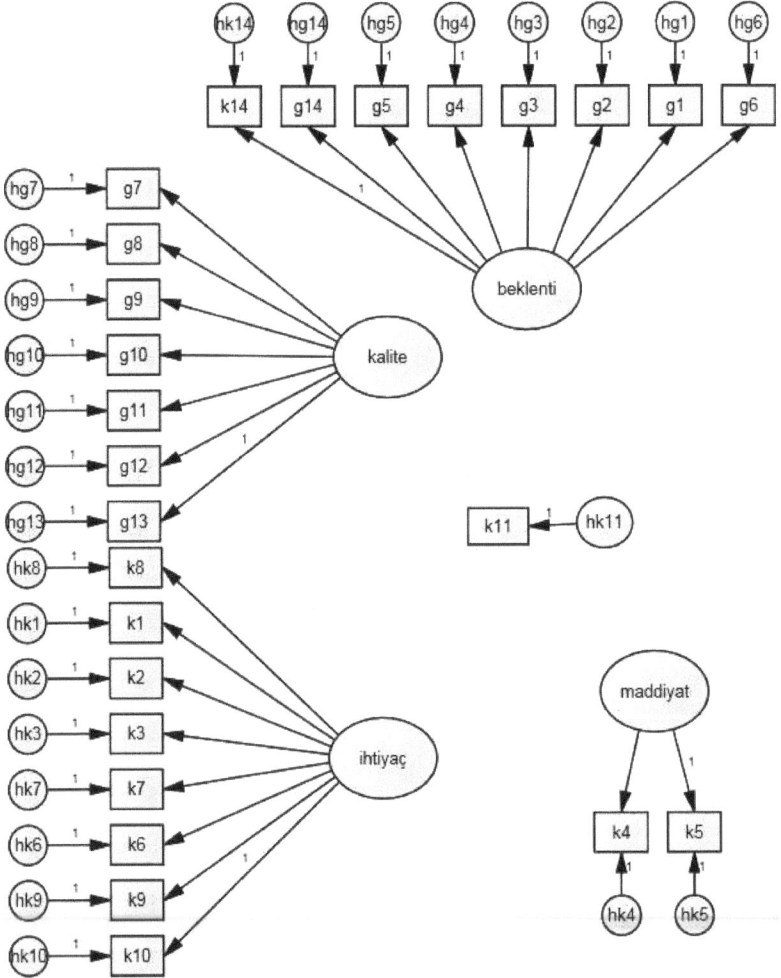

Örneğimizde K11 değişkeni genel satın alma eğilimini simgelemektedir. Ankette geçen "Eğer hamile kalırsam bu hizmeti satın alırım." Sorusunun karşılığıdır.

Değişken isimleri ise aşağıdaki gibidir;

G1: Kadının hamile kalmadan önce bebeğe hazır olup olmadığını anlayabilmesi için bir psikologdan yardım alması..

G2: Doğum gerçekleşmeden önce annenin yenidoğan hemşirelerinden eğitim alması...

G3: Doğum gerçekleşmeden önce annenin eşi/kız kardeşi/annesi vs. anneyle birlikte yenidoğan hemşirelerinin eğitimine katılması...

G4: Doğum gerçekleştikten sonra yenidoğan hemşirelerinin annelere ziyarette bulunması ve ihtiyaç duyulan konularda yol göstermesi...

G5: Doğum gerçekleştikten sonra annelerin yenidoğan hemşirelerinden psikolojik yardım alması...

G6: Doğum gerçekleştikten sonra annelerin hemşirelerden evde emzirme eğitimi alması..

G7: Asistan hizmetini veren hemşirenin yeterli bilgiye sahip olması...

G8: Asistan hizmetini veren hemşirenin anneye arkadaşça yaklaşması...

G9: Asistan hizmetini veren hemşirenin ikna kabiliyetinin yüksek olması...

G10: Asistan hizmetini veren hemşirenin psikolojik açıdan yeterli olması...

G11: Verilen asistan hizmetinin annenin psikolojik özelliklerine göre değişkenlik göstermesi...

G12: Verilen asistan hizmetinin annenin fizyolojik özelliklerine göre değişkenlik göstermesi...

G13: Asistan hizmetinin sadece hemşire tarafından değil, ihtiyaca göre doktor tarafından verilmesi...

G14: Asistan hizmeti kapsamına eş/anne/kız kardeş vs. 'nin dahil edilmesi...

G15: Hamileliğim boyunca doktorumun kadın olması...

K1: Eğer kendimi yeterli hissetmiyorsam emzirme konusunda yenidoğan hemşiresinden bebek bakım eğitimi alırım.

K2: Eğer doğum yaptıktan sonra bebeğimi emzirme konusunda sıkıntı yaşarsam yenidoğan hemşiresinden asistan hizmeti satın alırım.

K3: Eğer doğum yaptıktan sonra psikolojim kötüyse psikolojik danışmanlık konusunda asistan hizmeti satın alırım.

K4: Eğer maddi durumum elverirse doğum yaptıktan sonra ihtiyacım olan doğum sonrası asistan hizmetlerinden satın alırım.

K5: Eğer şirketin/hastanenin vs. kaliteli hizmet verdiğine inanırsam ücretini önemsemeden ihtiyacım olan asistan hizmet(ler)inden satın alırım.

K6: 'Doğum sonrası anne ve bebek bakımı' asistan hizmeterini veren şirketlerin/hastanelerin bebek bakıcıları da yetiştirmesini isterim.

K7: Eğer ihtiyacım varsa bu tip kuruluşların eğitiminden ve onayından geçen bebek bakıcılarından birini tercih ederim.

K8: Hamile kalmayı düşünen bir kadının bebeğe hazır olup olmadığını anlamak amacıyla bir psikoloğa danışmasını öneririm.

K9: Günümüzde annelerin kulaktan dolma bilgilerle değil alanında uzman kişilerden aldığı eğitim ve hizmetlerle bebeğini büyütmesini öneririm.
K10: Annelerin danışmanlık hizmetini sadece doğum sonrası değil çocuklarının ergenlik döneminde de almasını öneririm.

K11: Eğer hamile kalırsam bu hizmeti satın alırım.

K12: Eğer hamile kalırsam ve maddiyatı düşünmezsem bu hizmeti satın alırım.

K13: Eğer hamile kalırsam ve ihtiyaç duyarsam bu hizmeti satın alırım.

K14: Böyle bir hizmetin var olması beni mutlu etti.

K15: Hamileliğim süresince doktorumun cinsiyeti benim için önemlidir.

Bu sorular anketimizde likert ölçeğine göre sorulmuştur.

Gizil değişkenler 'draw paths (single headed arrows) ' butonuna tıklanarak satın alma eğilimi ile birleştirilir.

Şekil 7

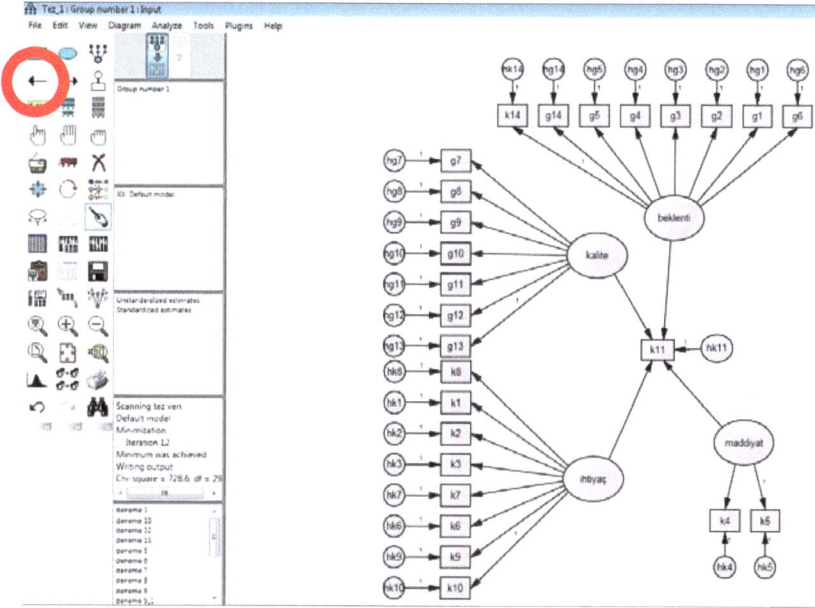

'Analysis properties' butonuna tıklanarak analiz özellikleri ile ilgili ayarlamalar yapılır. Şekil.8'de çıkan tabloda önce 'estimates' sekmesinde tahminin neye göre yapılacağı işaretlenir.

Şekil 8

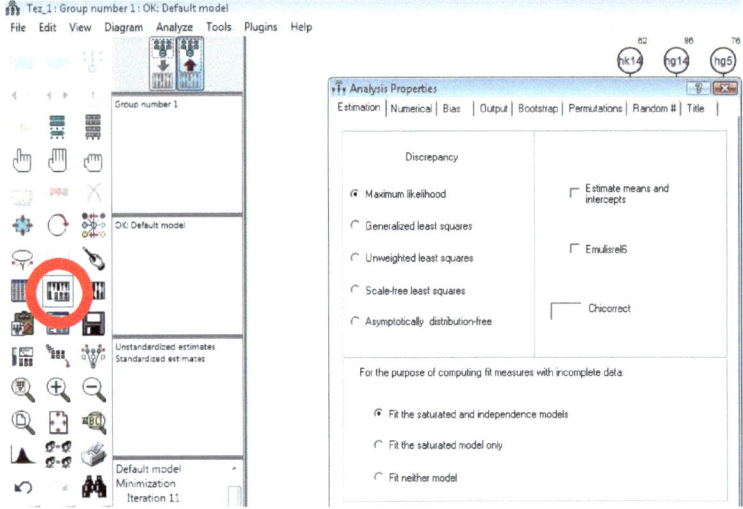

Aynı tablodan 'output' sekmesi tıklanarak çıktıda görülmek istenen sonuçlar işaretlenir.

Şekil 9

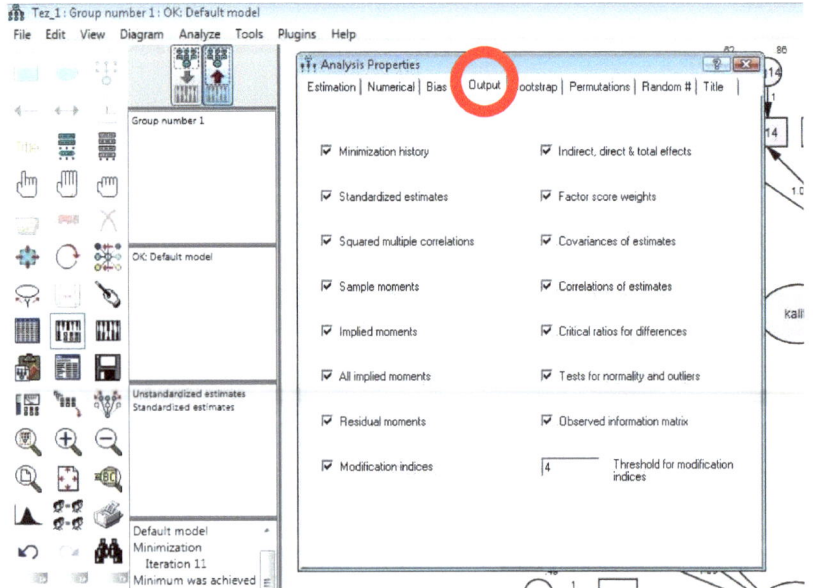

Gerekli işaretlemeler yapıldıktan sonra 'Proceed with the analysis' butonuna tıklanarak analiz başlatılır.

Şekil 10

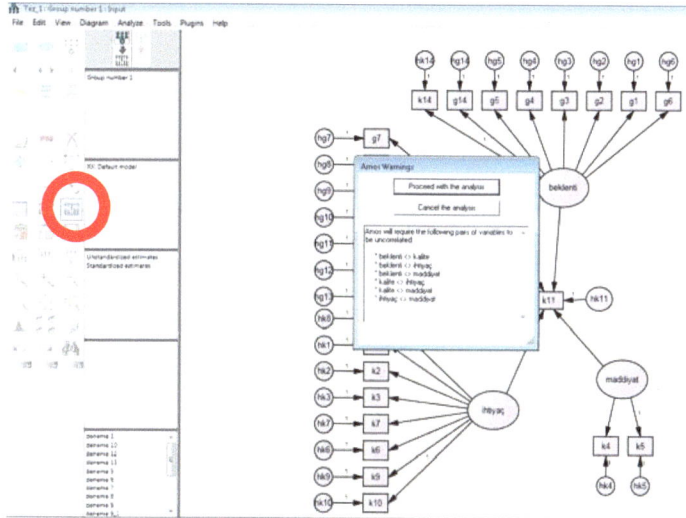

Şekil.10 daki tabloda gizil değişkenlerin hangi kombinasyonla analiz edileceği görülür.

4.7.1.Verilerin Çözümlenmesi

Bu kısımda araştırma amacını gerçekleştirebilmesi için, elde edilen verilerin istatistiksel olarak çözümlenmesine yer verilmiştir. AMOS programında DFA analizi yapılmış ve gözlemlenen değişkenlerin ait oldukları gizil değişkenle ilişkili olup olmadığına bakılmıştır.

'Amos output' sekmesinin altında 'estimates' bölümünden görülebilen değerler;

Tablo 2

Skaler Tahminleri (Grup no 1 - Varsayılan model)

Masimum Olabilirlik Tahminleri

Regresyon Ağırlıkları: (Grup no 1 - Varsayılan model)

			Tahmin	S.E.	C.R.	P	Etiket
k14	<---	beklenti	1.000				
g14	<---	beklenti	1.604	.393	4.086	***	par_1
g5	<---	beklenti	2.039	.448	4.551	***	par_2
g4	<---	beklenti	2.017	.443	4.550	***	par_3
g3	<---	beklenti	1.424	.362	3.930	***	par_4
g2	<---	beklenti	1.540	.363	4.244	***	par_5
g1	<---	beklenti	1.255	.328	3.829	***	par_6
g13	<---	kalite	1.000				
g12	<---	kalite	.657	.218	3.007	***	par_7
g11	<---	kalite	1.176	.255	4.607	***	par_8
g10	<---	kalite	1.338	.237	5.634	***	par_9
g9	<---	kalite	1.407	.279	5.050	***	par_10
g8	<---	kalite	1.686	.304	5.544	***	par_11
g7	<---	kalite	1.158	.210	5.512	***	par_12
k10	<---	ihtiyaç	1.000				
k9	<---	ihtiyaç	.648	.110	5.885	***	par_13
k6	<---	ihtiyaç	.693	.143	4.858	***	par_14
k7	<---	ihtiyaç	.662	.139	4.769	***	par_15
k3	<---	ihtiyaç	1.231	.184	6.708	***	par_16
k2	<---	ihtiyaç	1.361	.204	6.661	***	par_17
k1	<---	ihtiyaç	1.182	.176	6.731	***	par_18
k8	<---	ihtiyaç	1.125	.171	6.572	***	par_19
k5	<---	maddiyat	1.000				
k4	<---	maddiyat	.690	.154	4.475	***	par_20
k11	<---	beklenti	.432	.296	1.458	***	par_21
k11	<---	kalite	.079	.186	.427	***	par_22
k11	<---	ihtiyaç	.248	.208	1.193	***	par_23
k11	<---	maddiyat	.466	.145	3.202	***	par_24
g6	<---	beklenti	2.090	.467	4.477	***	par_28

şeklindedir. Listede görülen 'p' sütunundaki değerlerin 0.05'den küçük olması beklenir ve program bu değerden küçük olan değişkenleri '***' ile ifade eder. Tablodan da anlaşılacağı gibi gözlemlenen değişlenler doğru gizil değişkenlerle eşleştirimiştir.

'View the output path diagram' butonuna tıklanarak değişkenlerin bağlı oldukları gizil değişkenlerle olan korelasyonları ve gizil değişkenlerin de genel satın alma eğilimi üzerindeki faktör yükleri görülür.

Şekil 11

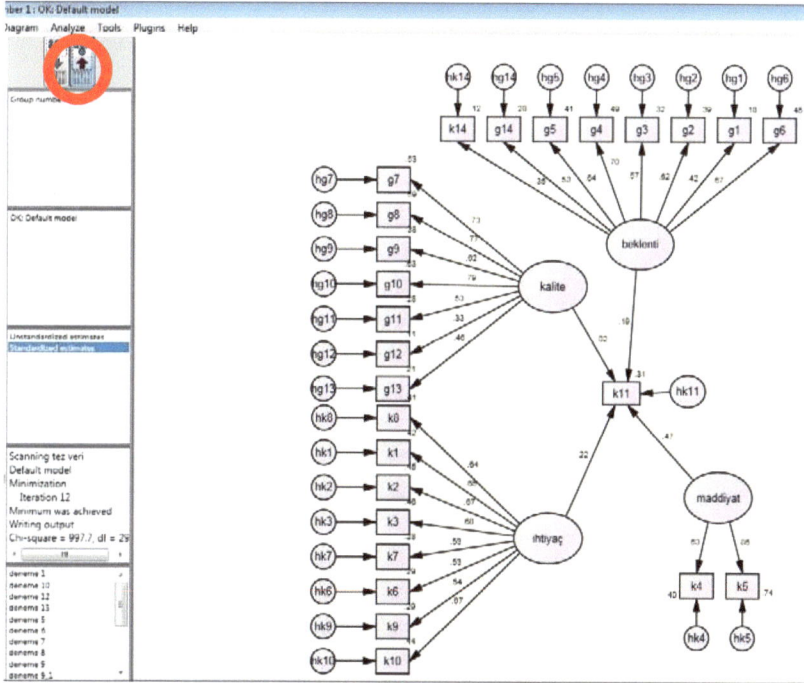

Eğer birleştirmede bir mantık hatası varsa ya da verimsiz bir model tasarlanırsa analiz çalışmaz ve 'view the output path diagram' butonu aktif olmaz.

'view text' butonuna tıklanarak uyum indeksleri kontrol edilir.

Şekil 12

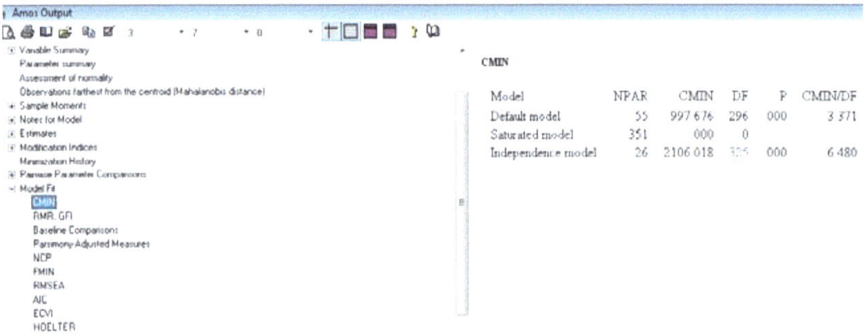

Şekil.12'de görüldüğü gibi ki-kare (CMIN/DF) değeri 3'den büyüktür. Yani model düşük uyum gösterir.

Şekil 13

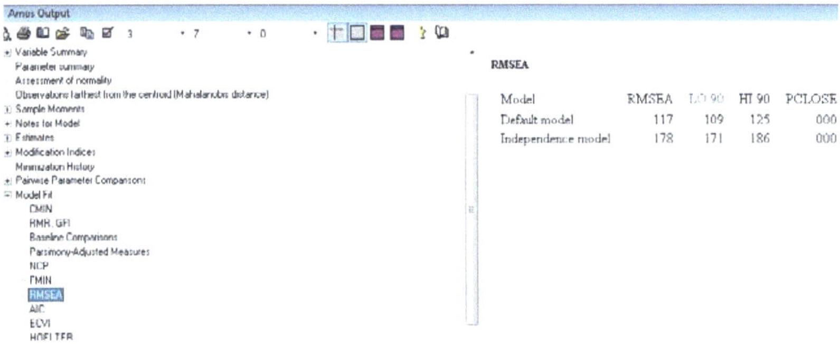

Bir diğer uyum indeksimiz olan Yaklaşık Hataların Karekökü (RMSEA) değeri 0.08'den büyüktür ve modelin uyumsuz olduğu sonucuna varılır.

Uyum indekslerinin eşik değerlerinden yüksek çıkması modelde modifikasyon yapmamız gerektiğini işaret etmektedir.

Hangi değişkende ne tür değişim yapmamız gerektiğini 'amos output' tablosunda 'modification indicates' sekmesi altında görebiliriz.

Şekil 14

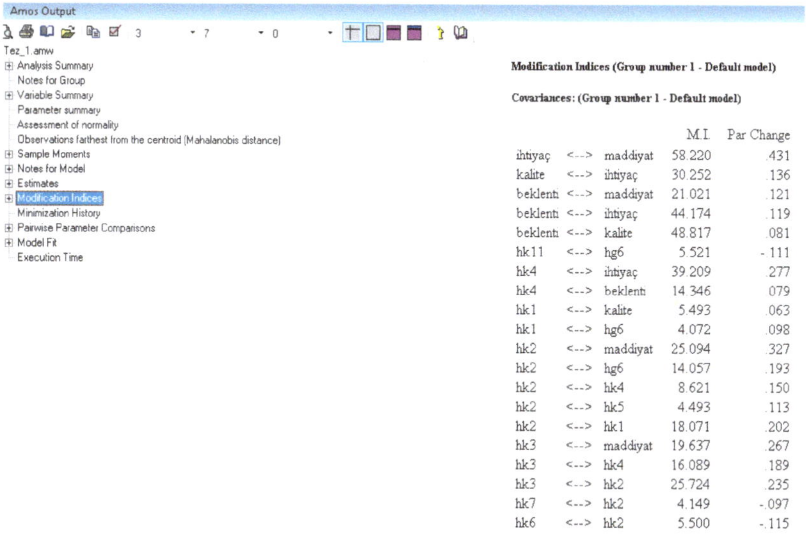

Amos Output

🔳 🖨 📖 📂 🖹 ☑ 3   ▾ 7   ▾ 0   ▾ ┼ ☐ ▦ ▦ ? 📖

Tez_1.amw
⊞ Analysis Summary
  Notes for Group
⊞ Variable Summary
  Parameter summary
  Assessment of normality
  Observations farthest from the centroid (Mahalanobis distance)
⊞ Sample Moments
⊞ Notes for Model
⊞ Estimates
⊞ Modification Indices
  Minimization History
⊞ Pairwise Parameter Comparisons
⊞ Model Fit
  Execution Time

Modification Indices (Group number 1 - Default model)

Covariances: (Group number 1 - Default model)

			M.I.	Par Change
ihtiyaç	<--->	maddiyat	58.220	.431
kalite	<--->	ihtiyaç	30.252	.136
beklenti	<--->	maddiyat	21.021	.121
beklenti	<--->	ihtiyaç	44.174	.119
beklenti	<--->	kalite	48.817	.081
hk11	<--->	hg6	5.521	- .111
hk4	<--->	ihtiyaç	39.209	.277
hk4	<--->	beklenti	14.346	.079
hk1	<--->	kalite	5.493	.063
hk1	<--->	hg6	4.072	.098
hk2	<--->	maddiyat	25.094	.327
hk2	<--->	hg6	14.057	.193
hk2	<--->	hk4	8.621	.150
hk2	<--->	hk5	4.493	.113
hk2	<--->	hk1	18.071	.202
hk3	<--->	maddiyat	19.637	.267
hk3	<--->	hk4	16.089	.189
hk3	<--->	hk2	25.724	.235
hk7	<--->	hk2	4.149	- .097
hk6	<--->	hk2	5.500	- .115

Bu tabloda gösterilen değerler; hangi iki değişken arasında çif taraflı ok (kovaryans işareti) konulursa uyum indeksinde ne kadar değişim olacağını gösterir.

Gerekli düzenlemelerin yapılmasının ardından grafiğimizin son hali Model.1'deki gibidir.

Model 1

Hata terimlerinin birbirleri ile olan korelasyonları, bağlı oldukları değişkenlerin birbirleri ile olan korelasyonları olarak da kabul edilebilir.

Modelin uyum indeksleri incelendiğinde;

Şekil 15

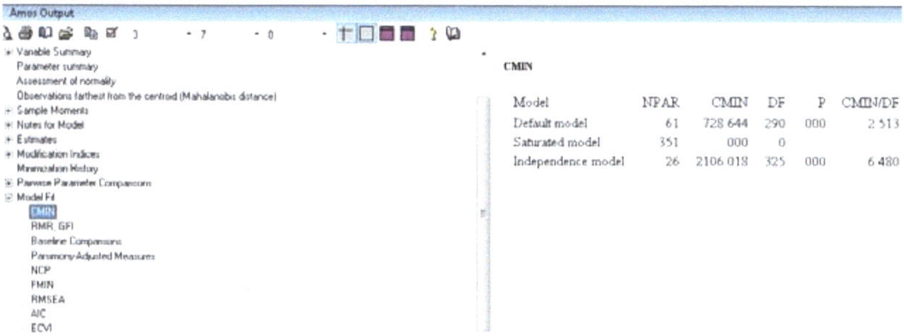

Ki-kare değeri 3'ün altındadır.

Şekil 16

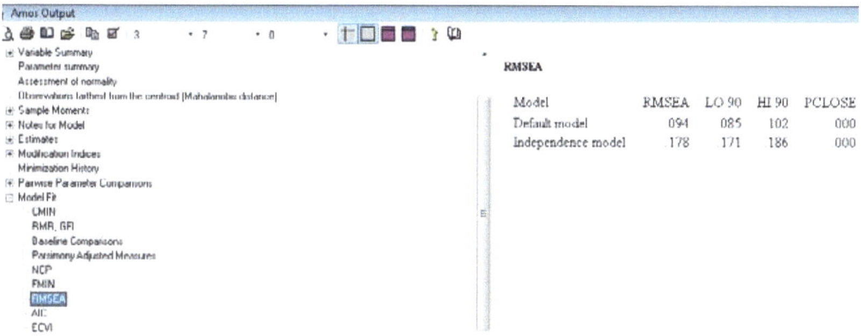

RMSEA değeri 0.094 nispeten kabul edilebilir bir değerdir. Genel olarak model uyumludur denilebilir.

Bu modele alternatif diğer bir model ise;

Model 2

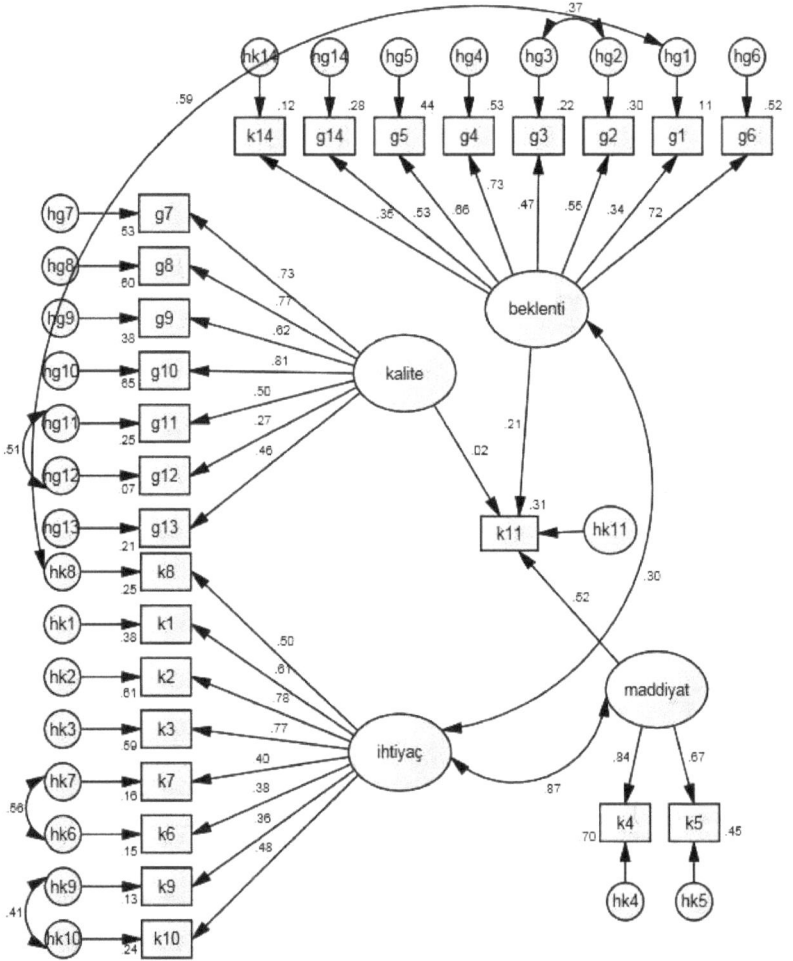

Modelin uyum indeksleri incelendiğinde;

34

Şekil 17

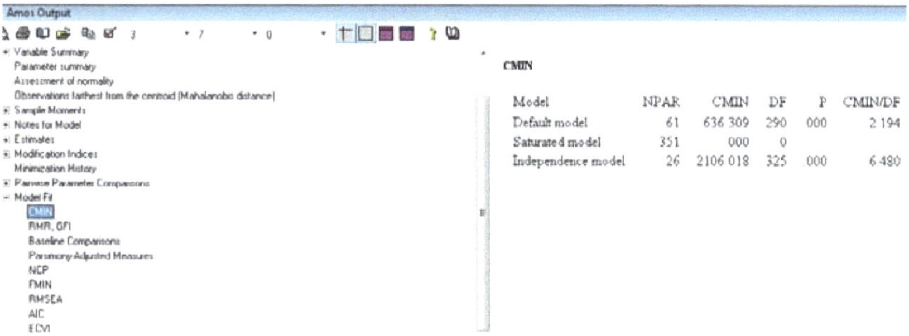

CMIN

Model	NPAR	CMIN	DF	P	CMIN/DF
Default model	61	636 309	290	000	2 194
Saturated model	351	000	0		
Independence model	26	2106 018	325	000	6 480

Ki-kare değeri 3'ün altındadır.

Şekil 18

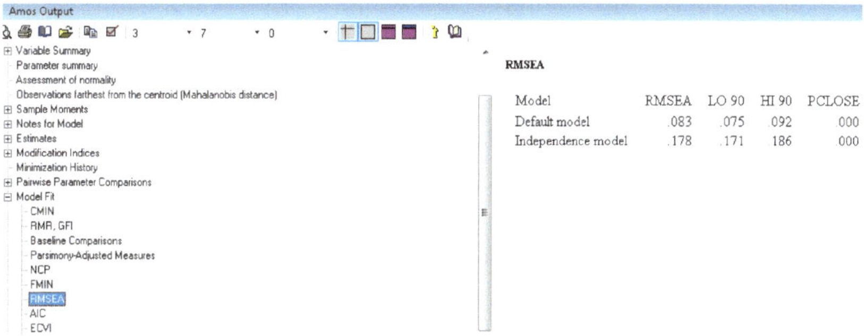

RMSEA

Model	RMSEA	LO 90	HI 90	PCLOSE
Default model	.083	.075	.092	.000
Independence model	.178	.171	186	.000

RMSEA değeri 0,08'e oldukça yakındır.

Bu model teknik olarak bir önceki modele göre daha kabul edilebilir bir modeldir. Fakat iki model arasındaki piyasaya uygulanabilirlik tartışmaya açıktır.

5.YEM'E İLİŞKİN YAPISAL EŞİTLİK MODELİ ANALİZİ SONUÇLARI

Birinci modelimizde;

Uyum indeksleri modelimizin istatistiksel olarak anlamlı ve uyumlu olduğunu gösterir. Ayrıca YEM'e baktığımızda beklenti ile satın alma eğilimi değişkeni arasındaki ilişki katsayısı 0.17 , kalite ve satın alma eğilimi değişkeni arasındaki ilişki katsayısı 0.04, ihtiyaç ile satın alma eğilimi değişkeni arasındaki ilişki katsayısı 0.16 ve maddiyat ile satın alma eğilimi değişkeni arasındaki ilişki katsayısı 0.49 dur. Aynı zamanda ihtiyaç gizil değişkeni ile beklenti gizil değişkeni arasındaki ilişki katsayısı 0.65 dir. Gizil değişkenlerin satın alma eğilimi üzerindeki en yüksek ilişki katsayısı maddiyata aittir. Fakat ihtiyaç ve beklenti arasındaki yüksek ilişki; ihtiyaçlar arttıkça beklentinin artacağını buna rağmen de maddiyatın hep ön planda olacağını gösterir. Kalite gizil değişkeninin genel satın alma eğilimiyle ilişkisinin düşük olması ise insanların düşüncesinin 'hizmetin zaten kaliteli olması gerektiği' yönünde olmasından kaynaklanır.

Tüm bu sonuçlardan yola çıkarak Model 1 için çıkarılacak genel yorum ise; hizmeti veren kurumların kadınların ihtiyaçları ve beklentileri yönünde hizmeti sunmaları, bunun paralelinde ise maddi açıdan ailelerin bütçelerini aşmayacak yönde bir ücretlendirme yapmaları gerektiğidir.

İkinci modelimizde;

Uyum indeksleri modelimizin istatistiksel olarak anlamlı ve uyumlu olduğunu gösterir. Ayrıca YEM'e baktığımızda birinci modele kıyasla ihtiyacın direkt olarak değil, beklenti ve maddiyat üzerinden dolaylı olarak genel satın alma eğilimine bağlandığı görülür. Bunun nedeni, bu düzenleme sonucunda model uyumunun birinci modele kıyasla daha iyi olmasıdır. Modifikasyon sonucunda ki-kare ve RMSEA uyum indeksleri daha düşük çıkmıştır (bu iyi bir durumdur) ve beklenti ile genel satın alma eğilimi arasındaki ilişki katsayısı 0.21e, maddiyatla genel satın alma eğilimi arasındaki ilişki katsayısı 0.52 ye çıkmıştır. Bunun yanı sıra ihtiyaç ile beklenti arasındaki ilişki katsayısı 0.30a düşmüş ve ihtiyaç ile maddiyat arasındaki ilişki katsayısı 0.87 olmuştur. Kalite gizil değişkeninde kayda değer bir değişim olmamıştır. Gizil değişkenlerin genel satın alma eğilimi üzerindeki en yüksek ilişki katsayısı yine maddiyata aittir. Fakat ihtiyaç ve maddiyat arasındaki yüksek ilişki maddi güç arttıkça ihtiyaçların da artacağını, başka bir açıdan bakıldığında ihtiyaçlar artsa da maddiyat engeline takılacağını gösterir. Öte yandan model 2 de modifikasyonlar sonucunda ihtiyaç gizil değişkenine bağlı olan gözlemlenebilir değişkenlerin faktör yüklerinde artış görülmektedir. Bu da ihtiyacın direkt olarak değil dolaylı yoldan yani başka faktörlere (gizil değişkenlere) bağlı olarak anlam kazandığını yani ön plana çıktığını gösterir.

Tüm bu sonuçlardan yola çıkarak Model 2 için çıkarılacak genel yorum ise; hizmeti veren kurumların kadınların beklentileri yönünde bir hizmet sunmaları ve maddi açıdan ailelerin bütçelerini aşmayacak yönde bir ücretlendirme yapmaları gerektiğidir. Başka bir açıdan bakıldığında ise Model 2 nin diğer bir yorumu; bu hizmeti veren kurumların gelir düzeyi yüksek aileleri hedef alarak pazarlama yapmaları gerektiğidir.

Kurulan ikinci model teorik olarak daha anlamı olmasına rağmen birinci model pratikte daha uygulanabilir bir modeldir. Uygulanabilir yapıdaki modeller her zaman indeksler baz alınarak oluşturulmaz. Uyum indekslerine ek olarak piyasa/pazar dinamikleri de dikkate alınmalıdır. Buna dayanarak sektöre yeni giren, doğum sonrası anne ve bebek bakımı asistan hizmeti sunmayı amaçlayan kurumlara önerilen model birinci modelimizdir.

KAYNAKÇA

ANDERSON, J. ve GERBING, D. 1984. The Effect of Sampling Error on Convergence, Improper Solutions and Goodness of Fit Indicates for Maximum Likelihood Confirmatory Factor Analysis. Pyschometrika

BALKAYA, N. 2002. Postpartum Dönemde Annelerin Bakım Gereksinimleri ve Ebe-Hemşirenin Rolü. C.Ü Hemşirelik Yüksekokulu Dergisi

BENTLER, P.M. 1986. Lagrange Multiplier and Wald Tests for EQS/PC. Los Angeles: BMDP Statistical Software

BOBAK, I.M. ve JENSEN, M.D. 1993.Maternity and Gynecologic Care, Fifth Edition, St. Louis, The Mosby-Year Book

BOLLEN, K.A. ve CURRAN, P.J. 2006. Latent Curve Models: A Structural Equation Approach. Hoboken, Nj

BROWN, S.G. ve JOHNSON, B.T. 1998. Enhancing Early Discharge With Home Follow-Up: A Pilot Project, JOGNN

BROWNE, M.W. ve CUDECK, R. 1993. Alternative Ways of Assessing Model Fit. (Edi.: K.A. Bollen ve J.S.Long). Testing Structural Equation Models. Thousand Oaks: Sage

BÜYÜKÖZTÜRK, Ş. 2004. Sosyal Bilimler İçin Veri Analizi El Kitabı. Ankara

BYRNE, B.M. 1998. Structural Equation Modelling with LISREL, PRELIS and SIMPLIS: Basic Concepts, Applications and Programming. New Jersey

BYRNE, B.M. 2010. Structural Equation Modeling with AMOS. New York

COCHRAN, W. G. 1968. Errors of Measurement in Statistics, Technometrics

DARJ, E. ve STALNACKE B. 2000. Very Early Discharge from Hospital After Normal Deliveries, Ups J Med Sc

FULLER, W. A. 1987. Measurement Error Models, New York

GORRIE, T.M. MCKINNEY, E.S. ve MURRAY, S.S. 1998. Foundations of Maternal-Newborn Nursing, Second Edition, W. B. Saunders Company, Philadelphia

HOYLE, R.H. 1995. The Structural Equation Modeling Approach: Basic Concepts and Fundamental Issues. (Edi.: R.H. Hoyle), Sturctural Equation Modeling: Concepts, Issues and Applications. Newbury Park, CA

JÖRESKOG, K.G. 1969. A General Approach to Confirmatory Maximum Likelihood Factor Analysis, Psychometrika

LIEU, T.A. ve BRAVEMAN, P.A. ve ESCOBAR, G.J. 2000. A randomised Comparision of Home and Clinic Follow-Up Visits After Early Postpartum Hospital Discharge, Pediatrics

LUGINA, H.I. CHRISTENSSON K. ve MASSAWE, S. 2001. Change in Maternal Concerns During the 6 Weeks Postpartum Period: A Study of Primiparous Mothers in Dar Es Salaam, Tanzania, J Midwifery&Womens Health

MALNORY, M. 1997. Mother-Infant Home Care Drives Quality in a Managed Care Environment, J Nursing Care Quality

MEREDITH, W. ve TISAK, J. 1990. Latent Curve Analysis. Psychometrica

NEYZİ, O. 1994. Anne ve Çocuk Sağlığında Öncelikler, İstanbul

PEDHAZUR, E.J. 1997. Multiple Regression in Behavioral Research. Orlando, FL

RAYKOV, T. ve PENEV, S. 2001. The Problem of Equivalent Structural Equation Models: An Individual Residual Perspective. New Developments and Techniques in Structural Equation Modeling, Marcoulides G. A. and Schumacker R. E. (eds.), Mahvah, NJ

RAYKOV, T. ve MARCOULIDES, G.A. 2006. A First Course in Structural Equation Modeling. Mahwah, New Jersey

REEDER, S. MARTIN, L.L. ve KONIAK-GRIFFIN, D. 1997. Maternity Nursing, Eighteenth Edition, Philadelphia

SAĞLIK BAKANLIĞI 1997. Çocuk Sağlığı El Kitabı, 7. Baskı, Ankara

SCHUMACKER, R.E. ve LOMAX, R.G. 2004. A Beginner's Guide to Structural Equation Modeling. Mahvah, New Jersey

TEZCAN, C. 2008. Yapısal Eşitlik Modelleri, Ankara

WILLIAMS, J.L. BOZDOGAN, H. AIMAN-SMITH, L. 1995. Inference Problems with Equivalent Models. (Edi.: A.G. Marcoulides ve R.E. Schumacker) Advanced Structural Equation Modeling Issues and Techniques, New Jersey

EKLER

EK-1: ANKET FORMU

ANNE ASİSTANLIĞI

Son günlerde yaygınlaşmakta olan evde sağlık hizmetlerinden 'doğum sonrası anne ve bebek bakımı' asistan hizmeti ile ilgili bir araştırma yapmaktayız. Bu hizmet dahilinde doğum sonrası yenidoğan hemşireleri ve gerekli durumlarda psikolog ve kadın doğum uzmanları ücret dahilinde belirli zamanlarda evlere ziyaretler gerçekleştirmektedir. Amacımız; sizlerin ihtiyacı olan hizmetleri belirleyebilmek ve sizlere daha iyi nasıl hizmet verebileceğimizi belirlemektir.

Araştırma kapsamında 25-40 yaş arası evli, son 5 yıl içinde çocuk sahibi olmuş ya da çocuk sahibi olmayı düşünen bayanların görüşleri alınacaktır. Lütfen bu kategorilerden en az birine dahil değilsenin ankete katılmayınız.

BÖLÜM 1

1)Yaşınız?

....

2)En son mezun olduğunuz okul?

a) İlköğretim

b)Lise veya dengi

c)Üniversite veya üzeri

3)Haneninzin aylık toplam geliri? (Gelir aralıklarında büyük olan miktar aralığa dahil değildir. Örneğin geliriniz 1000TL ise 'b' seçeneğini işaretleyiniz.)

a)Asgari ücret-1000 TL arası

b)1000TL-3000 TL arası

c)3000TL-5000TL arası

d)5000TL veya üzeri

4)Hanenize asıl gelir getiren kişi kimdir? (Lütfen evinizin hane geçiminden sorumlu olan, evinize gelir getirenler arasında temel olarak, en yüksek ve düzenli katkıyı sağlayan kişiyi işaretleyiniz.)

a)Eşim

b)Ben

c)Diğer

5)Düzenli ücretli bir işte çalışıyor musunuz?

a)Evet

b)Hayır

6)Şu an hamile misiniz?

a)Evet

b)Hayır

7)Şu an hamile değilseniz yakın zamanda çocuk sahibi olmayı düşünüyor musunuz? (Şu an hamile değilseniz lütfen bu soruyu cevaplamadan bir sonraki soruya geçiniz.)

a)Evet

b)Hayır

8)En son kaç yıl içerisinde doğum yaptınız?

a)Hiç

b)Bir

c)İki

d)Üç

e)Dört

f)Beş veya daha önce

9)Kaç adet çocuğunuz var? (Eğer hamileyseniz bebeğinizi çocuk sayısına dahil etmeyiniz.)

a)Yok

b)Bir

c)İki

d)Üç veya daha fazla

10)Annenizin en son mezun olduğu okul?

a)İlkokul

b)Ortaokul

c)Lise veya dengi

d)Üniversite veya üzeri

BÖLÜM 2

Lütfen aşağıdaki cümleleri size en yakın seçeneği işaretleyerek tamamlayınız.

	Kesinlikle Gerekli Değildir	Gerekli Değildir	Kararsızım	Gereklidir	Kesinlikle Gereklidir
Kadının hamile kalmadan önce bebeğe hazır olup olmadığını anlayabilmesi için bir psikologdan yardım alması...					
Doğum gerçekleşmeden önce annenin yenidoğan hemşirelerinden eğitim alması...					
Doğum gerçekleşmeden önce annenin eşi/kız kardeşi/annesi vs. anneyle birlikte yenidoğan hemşirelerinin eğitimine katılması...					
Doğum gerçekleştikten sonra yenidoğan hemşirelerinin annelere ziyarette bulunması ve ihtiyaç duyulan konularda yol göstermesi...					
Doğum gerçekleştikten sonra annelerin hemşireler tarafından psikolojik yardım alması...					
Doğum gerçekleştikten sonra annelerin hemşirelerden evde emzirme eğitimi alması...					
Asistan hizmetini veren hemşirenin yeterli bilgiye sahip olması...					
Asistan hizmetini veren hemşirenin anneye arkadaşça yaklaşması...					
Asistan hizmetini veren hemşirenin ikna kabiliyetinin yüksek olması...					
Asistan hizmetini veren hemşirenin psikolojik açıdan yeterli olması...					
Verilen asistan hizmetinin annenin psikolojik özelliklerine göre değişkenlik göstermesi...					
Verilen asistan hizmetinin annenin fizyolojik özelliklerine göre değişkenlik göstermesi...					
Asistan hizmetinin sadece hemşire tarafından değil, ihtiyaca göre doktor tarafından verilmesi...					
Asistan hizmeti kapsamına eş/anne/kız kardeş vs. 'nin dahil edilmesi...					
Hamileliğim boyunca doktorumun kadın olması...					

44

BÖLÜM 3

Anketimizin bu bölümünde yeni doğum yaptığınızı düşünün ve sadece 'doğum sonrası anne ve bebek bakımı' asistan hizmetlerini göz önünde bulundurak aşağıdaki cümleleri okuyup size en yakın cevabı işaretleyiniz.

	Kesinlikle Katılmıyorum	Katılmıyorum	Kararsızım	Katılıyorum	Kesinlikle Katılıyorum
Eğer kendimi yeterli hissetmiyorsam emzirme konusunda yenidoğan hemşiresinden bebek bakım eğitimi alırım.					
Eğer doğum yaptıktan sonra bebeğimi emzirme konusunda sıkıntı yaşarsam yenidoğan hemşiresinden asistan hizmeti satın alırım.					
Eğer doğum yaptıktan sonra psikolojim kötüyse psikolojik danışmanlık konusunda asistan hizmeti alırım.					
Eğer maddi durumum elverirse doğum yaptıktan sonra ihtiyacım olan doğum sonrası asistan hizmetlerinden satın alırım.					
Eğer şirketin/hastanenin vs. kaliteli hizmet verdiğine inanırsam ücretini önemsemeden ihtiyacım olan asistan hizmet(ler)inden satın alırım.					
'Doğum sonrası anne ve bebek bakımı' asistan hizmeterini veren şirketlerin/hastanelerin bebek bakıcıları da yetiştirmesini isterim.					
Eğer ihtiyacım varsa bu tip kuruluşların eğitiminden ve onayından geçen bebek bakıcılarından birini tercih ederim.					
Hamile kalmayı düşünen bir kadının bebeğe hazır olup olmadığını anlamak amacıyla bir psikoloğa danışmasını öneririm.					
Günümüzde annelerin kulaktan dolma bilgilerle değil alanında uzman kişilerden aldığı eğitim ve hizmetlerle bebeğini büyütmesini öneririm.					
Annelerin danışmanlık hizmetini sadece doğum sonrası değil çocuklarının ergenlik döneminde de almasını öneririm.					
Eğer hamile kalırsam bu hizmeti satın alırım.					
Eğer hamile kalırsam ve maddiyatı düşünmezsem bu hizmeti satın alırım.					
Eğer hamile kalırsam ve ihtiyaç duyarsam bu hizmeti satın alırım.					
Böyle bir hizmetin var olması beni mutlu etti.					
Hamileliğim süresince doktorumun cinsiyeti benim için önemlidir.					

Anketimize katıldığınız için teşekkür ederiz.

www.ingramcontent.com/pod-product-compliance
Lightning Source LLC
Chambersburg PA
CBHW041314210326
41599CB00008B/271